TUDO SOBRE A CAATINGA

Edição 2020

Imagens capa:
Shutterstock/ Eric Isselee
Shutterstock/ Anan Kaewkhammul
Shutterstock/ Warren Metcalf
Shutterstock/ Christine C Brooks

Imagens devidamente adquiridas sob licença da Shutterstock para usuário 278330043 com o pedido: SSTK-0DB32-B759

LOCALIZAÇÃO

A Caatinga ocupa um território de aproximadamente 844.453 Km², segundo o IBGE 2014, corresponde a uma área de 70% da região Nordeste e 11% do território nacional. Localizado nos estados da Paraíba, Rio Grande do Norte, Pernambuco, Piauí, Ceará, Alagoas, Sergipe, Bahia, Maranhão e no norte do estado de Minas Gerais. Faz fronteira com outros três biomas: Amazônia, Mata Atlântica e Cerrado.

ONÇA-PARDA

QUE SOM EU FAÇO®

ESCANEAR

A Caatinga é um bioma exclusivamente brasileiro e predominante no Nordeste do Brasil. Seu nome possui origem tupi-guarani (caa: mata e tinga: branca) e significa "mata ou floresta branca". Recebeu este nome devido aos seus primeiros habitantes, os índios. Pois quando estavam na estação de seca, as plantas perdiam suas folhas, deixando a paisagem clara e esbranquiçada nos troncos. Esse bioma é afetado por secas extremas e períodos de estiagem, e está inserida no contexto do clima semiárido.

FAUNA

Existem muitos tipos de animais na Caatinga, como mamíferos, répteis, aves, anfíbios, incluindo a cotia, gambá, preá, veado-catingueiro, tatu-peba, gatos selvagens, ararinha azul, onça-parda, macaco-prego e vários insetos, que desempenham um papel importante no bioma. Os animais que são encontrados nesse bioma apresentam características de adaptação ao clima seco e semiárido, segundo o Ministério do Meio Ambiente, a Caatinga possui cerca de: 178 espécies de mamíferos; 591 espécies de pássaros; 117 espécies de répteis; 79 espécies de anfíbios; 241 espécies de peixes; 221 espécies de abelhas. Entre as espécies que habitam a caatinga, algumas delas estão ameaçadas de extinção como a ararinha azul, o tamanduá-bandeira, o tatu-canastra, o cachorro do mato, a águia-cinzenta, o lobo-guará, entre outras.

ESPÍCIES AMEAÇADAS DE EXTINÇÃO

ESCANEAR

O macaco-prego é um macaco de médio porte, com peso entre 1,3 kg e 4,8 kg, com comprimento de 48 cm, sem a cauda. Possui uma cauda que é preênsil, mesmo não possuindo a capacidade de se mover como a cauda de um macaco-aranha e muriquis. Neste caso, a cauda desempenha principalmente um papel na manutenção da postura.

ONÇA-PARDA

Comprimento médio de 1,55 metro sem a cauda, e 0,70 metros do ombro ao chão, pesam em torno de 70 a 85 kg. A cauda mede de 50 a 80 cm.

Cacto (Cactaceae)

Podem chegar até a 18 mts. de altura. Apresentam caule suculento, cilíndrico e muitos espinhos, que são as folhas que se adaptaram ao ambiente.

Vegetação e flora

A vegetação da Caatinga é um tipo de vegetação que se adapta à seca do solo e à escassez de água na área, possuem características diferentes de acordo com as condições naturais da área onde estão inseridos, são elas: casca das árvores grossas; hastes das árvores possuem espinhos; as folhas são pequenas e as raízes são tuberosas para armazenar água. A vegetação está dividida em três estratos: Arbóreo: representa as árvores que apresentam de 8 a 12 metros de altura. Arbustivo: representa a vegetação que apresenta de 2 a 5 metros de altura. Herbáceo: representa a vegetação que apresenta menos de 2 metros de altura. Existem plantas que possuem um tipo de cera nas folhas que impede a perda de água, porém, a queda das folhas também é um mecanismo que impede a perda excessiva de água, além de limitar a ocorrência de processos fotossintéticos, graças aos quais as plantas entram na fase de economia de energia. Algumas características marcantes são que as raízes das plantas cobrem o solo, de forma que a água pode ser armazenada durante a estação das chuvas, e algumas plantas têm a capacidade de fotossintetizar e produzir nutrientes, mesmo sem folhas.

A Aroeira-Vermelha é uma espécie nativa do Brasil. Também chamada de pimenta rosa, seu tronco pode atingir 80 cm de diâmetro, é castanho-escuro e resistente ao apodrecimento por produzir substâncias com efeito fungicida e inseticida. Por ser amplamente utilizada, essa espécie é considerada ameaçada de extinção.

SOLO

Os solos da Caatinga variam de rasos a profundos, com alta a baixa fertilidade e texturas argilosas e arenosas. Devido à diversidade de solos e topografia, uma variedade de paisagens e vegetação pode ser encontrada na Caatinga. Seu solo geralmente é pobre em húmus, mas rico em sais minerais, sendo que o tipo de solo mais comum é raso, com pedregulhos e com baixa umidade, dificultando o armazenamento de água. Esses fatores tornam difícil para o bioma manter um plantio de subsistência, a cor varia entre avermelhado e cinza. Mesmo com essas características, esse solo ainda é utilizado para a pecuária e tem como principais produtos agrícolas o licuri, umbu, caju e o maracujá.

Os relevos da Caatinga têm particularidades e formas. Essas características e formas são modeladas de acordo com o clima (temperatura, chuva, vento, umidade) da região, ao longo dos milhões de anos de história da Terra. O resultado são duas formações principais, planaltos e depressões, que são formadas por fragmentos de rocha e geralmente são grandes em tamanho.

DEGRADAÇÃO DO SOLO
Cerca de metade da paisagem da Caatinga já foi deteriorada pela ação do homem. De 15% a 20% do bioma estão em alto grau de degradação (com risco de desertificação).

CURIOSIDADE

A perda das folhas da vegetação da Caatinga é estratégica, sem folhas, as plantas reduzem a superfície de evaporação quando falta água.

Clima

O clima na Caatinga é tropical e semi-árido, esse clima é caracterizado por uma seca prolongada, ou seja, sem chuva. O índice de umidade é inferior a 800 mm/ano. A temperatura costuma ser muito elevada, com média de 27°C, chegando a temperaturas ainda mais altas, acima de 32°C. A região semi-árida é uma das regiões mais quentes do planeta, na estação seca, a temperatura do solo pode chegar a 60°C, e a forte luz solar acelera a evaporação de lagos e rios.

O sistema de chuvas divide o ano em dois períodos: o chuvoso e o seco. O período chuvoso é curto, de 3 a 5 meses de duração, geralmente de janeiro a maio. As chuvas são torrenciais e irregulares concentradas nesses primeiros meses do ano. O período seco ou estiagem ocorre, na maior parte do ano, de 7 a 9 meses, entre junho e dezembro. Durante o período de chuva, os índices pluviométricos podem atingir os 1000 mm/ano. Já nos períodos mais secos, há uma baixa, chegando a 200 mm/ano.

HIDROGRAFIA

A característica hidrogeográfica da área composta pelo bioma Caatinga é que a maioria dos rios é intermitente ou temporário, ou seja, rios que só correm na época das chuvas e outros na época de seca. Existe uma pequena quantidade de rios perenes fluindo ao longo das quatro estações, os dois rios perenes mais famosos são o rio São Francisco e o rio Parnaíba. Durante a formação do rio, as nuvens de chuva vindas do litoral são bloqueadas pelas serras e chapadas mais altas, onde a água da chuva se infiltra e escoa, formando nascentes de encostas. Exemplos do Rio Caatinga são: rio Poti e rio Jaguaribe. O rio São Francisco é vital para o desenvolvimento do Nordeste, e existem várias indústrias e agroindústrias nas regiões do Alto, Médio e Submédio da bacia deste rio. Devido à agricultura irrigada por estes rios, as cidades de Petrolina (PE) e Juazeiro (BA) estão em franca expansão e são importantes áreas para a fruticultura, na região do Baixo São Francisco, a economia ribeirinha baseia-se principalmente na agropecuária e na pesca, o rio oferece também condições de navegação o ano todo.

HIDROGRAFIA DO BIOMA

ESCANEAR

A área irrigada do Vale do São Francisco totaliza mais de 30.000 hectares, transformando o sertão do Nordeste em um tapete verde, são 700 Km de dutos, mais de 156 Km de canais e aproximadamente 2.600 produtores, gerando mais de 100 mil empregos diretos.

Rio São Francisco

O Rio São Francisco é o maior rio inteiramente brasileiro (que nasce e morre dentro do país). Por isso, ganhou o apelido de Rio da Integração Nacional.

EXPLORAÇÃO DE RECURSOS

As restrições físicas e químicas dos solos do semiárido nordestino, bem como a exploração intensiva dos recursos naturais e o super pastoreio tornam a Caatinga vulnerável à desertificação. É uma ameaça real para extinção de espécies nativas, a exemplo do mororó.

AMEAÇAS

Infelizmente, a Caatinga é um dos biomas mais degradados do país, concentrando mais de 60% das áreas desertificadas. Historicamente, a região vem sofrendo incontáveis incêndios, desmatamento, exploração de recursos naturais, além de carecer de práticas adequadas de manejo do solo para monoculturas. O órgão de proteção ambiental do setor federal estima que mais de 46% da área da Caatinga foi desmatada, e vale ressaltar que muitas espécies são endêmicas desse bioma, ou seja, só ocorrem lá. Portanto, uma das formas de evitar o desaparecimento de espécies é estabelecer novas unidades de conservação na área. Atualmente, o principal motivo do desmatamento está relacionado à exploração da mata local para a produção de lenha e carvão vegetal usados nas fábricas de gesso e na produção de aço. Esse impacto se reflete na fertilidade do solo, na extinção de espécies vegetais e animais e na deterioração da qualidade de vida da população.

EXPLORAÇÃO DA TERRA

ESCANEAR

A experiência de populações tradicionais e agricultores familiares que vivem na Caatinga e investem no manejo diferenciado e sustentável do solo mostra que é possível viver nas características da região, com múltiplos cultivos e criação de animais saudáveis. Produzindo frutas, vegetais, raízes in natura que são usadas para consumo doméstico e geração de renda.

PRESERVAÇÃO

Especialistas acreditam que a Caatinga é o bioma brasileiro mais sensível às perturbações humanas e às mudanças climáticas globais. No entanto, as unidades de conservação protegem apenas 7,5% de seu território, e apenas 1,4% dessas unidades de conservação são áreas totalmente protegidas, essas unidades apresentam alguns problemas básicos, como falta de padronização dos direitos de uso da terra, falta de planos de manejo e falta de pessoal. O estabelecimento de novas unidades de proteção, o acréscimo de áreas protegidas e a melhoria da gestão das unidades de proteção estabelecidas são essenciais.